BEI GRIN MACHT SICH IHR
WISSEN BEZAHLT

- Wir veröffentlichen Ihre Hausarbeit,
  Bachelor- und Masterarbeit

- Ihr eigenes eBook und Buch -
  weltweit in allen wichtigen Shops

- Verdienen Sie an jedem Verkauf

Jetzt bei www.GRIN.com hochladen
und kostenlos publizieren

GRIN

Bibliografische Information der Deutschen Nationalbibliothek:

Die Deutsche Bibliothek verzeichnet diese Publikation in der Deutschen National-
bibliografie; detaillierte bibliografische Daten sind im Internet über http://dnb.d-
nb.de/ abrufbar.

Impressum:

Copyright © 2016 GRIN Verlag, Open Publishing GmbH
Druck und Bindung: Books on Demand GmbH, Norderstedt Germany
ISBN: 9783668262966

Dieses Buch bei GRIN:

http://www.grin.com/de/e-book/336614/fermats-letzter-satz-pythagoraeische-tripel-
und-loesungen-von-fermat-und

Martin Purgina

Fermats letzter Satz. Pythagoräische Tripel und Lösungen von Fermat und Euler

GRIN Verlag

GRIN - Your knowledge has value

Der GRIN Verlag publiziert seit 1998 wissenschaftliche Arbeiten von Studenten, Hochschullehrern und anderen Akademikern als eBook und gedrucktes Buch. Die Verlagswebsite www.grin.com ist die ideale Plattform zur Veröffentlichung von Hausarbeiten, Abschlussarbeiten, wissenschaftlichen Aufsätzen, Dissertationen und Fachbüchern.

Besuchen Sie uns im Internet:

http://www.grin.com/

http://www.facebook.com/grincom

http://www.twitter.com/grin_com

Universität Duisburg–Essen

Fakultät für Mathematik

Bachelorarbeit im Lehramt Haupt-, Real- und Gesamtschulen

Fermats letzter Satz:
Pythagoräische Tripel und
die Ergebnisse von
Euler und Fermat

Martin Purgina

Abgabetermin: 15.03.2016

Inhaltsverzeichnis

1 Einleitung

Der Ursprung des letzten Satzes von Fermat, liegt im Satz des Pythagoras (570 - 510 v. Chr.) und den ganzzahligen Lösungen zu seiner Gleichung $a^2 + b^2 = c^2$, die die Beziehungen der Seiten in einem rechtwinkeligen Dreieck beschreibt. Die ganzzahligen Lösungen dieser Gleichung waren von besonderem Interesse.

So nutzten bereits die Ägypter eine Knotenschnur mit 12 gleichen Abständen, um rechte Winkel zu erzeugen und es gelang ihnen damit, z.B. Land in Rechtecke einzuteilen.

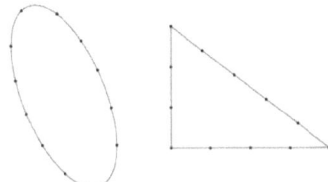

Abbildung 1: Knotenschnur oder 12er-Schnur

Später griff Diophant von Alexandria (um 250 n. Chr.) die Erkenntnisse von Pythagoras und anderen Mathematikern auf und fasste diese und seine eigenen Erkenntnisse in einem Buchband zusammen, der als *Arithmetica* in Teilen überliefert wurde. Diophant selbst, beschäftigte sich mit Polynomgleichungen, die ganzzahlige Koeffizienten und ganzzahlige Lösungen hatten. Diese Gleichungen tragen noch heute seinen Namen und heißen *diophantische Gleichungen*. Mit einer Übersetzung dieses Buchbandes beschäftigte sich Pierre de Fermat.

Fermat versah seine Bücher mit Notizen am Seitenrand, eine Veröffentlichung seiner Erkenntnisse hatte Fermat scheinbar nicht vorgesehen,

„trotz der Mischung aus Trägheit und Bescheidenheit...gelangte die Fermatsche Vermutung...,zu Berühmtheit." [1]

Nach seinem Tod veröffentlichte sein Sohn seine Notizen, von denen einige bis in die heutige Zeit hinein, als Sätze in der Mathematik gültig sind.

So auch *der letzte Satz von Fermat* der wegen des fehlenden Beweises eigentlich *die fermatsche Vermutung* heißen müsste. Fermat selbst hat nur einen speziellen Fall, nämlich den für $n = 4$, des Satzes bewiesen. Man vermutet, dass er dann auf die Allgemeingültigkeit geschlossen hat und in einer Randnotiz bemerkte:

„*Für die Gleichung $x^n + y^n = z^n$ mit $n \geq 3$, $x, y, z \neq 0$ gibt es keine ganzzahlige Lösung. Der wunderbare Beweis dafür passt leider nicht an den Rand.*"(sinngemäß)[1]

So beschäftigte dieser Satz Mathematiker mehrerer Generationen, wie Carl Friedrich Gauß (Lösungen in der Gaußschen Zahlenebene), Sophie Germain (Primzahl-Exponenten)[5], Peter Gustav Lejeune-Dirichlet ($n = 14$) und Augustin-Louis Cauchy (allgemeiner Beweis, widerlegt von Ernst Kummer), Ernst Kummer... , um nur einige zu nennen.

Besonders ist sicher Leonhard Euler zu erwähnen, dessen genialer Beweis bahnbrechend für andere Lösungen war. Er veröffentlichte seinen Beweis in seinem Buch *Anleitung zur Algebra*. Zunächst hielt man seinen Beweis für fehlerhaft, da Euler einen entscheidenden Teil in seinem Beweis, an anderer Stelle bereits bewiesen hatte und diesen als gegeben vorausgesetzt hat.

Trotz aller Bemühungen konnten aber immer wieder nur bestimmte Beweise, zu bestimmten Fällen geführt werden.

Das Interesse an dem Beweis des Satzes, stieg 1908 mit dem Vermächtnis von Paul Wolfskehl, der sein Schicksal und schlussendlich sein Leben, der Beschäftigung mit dem letzten Satz von Fermat verdankte. Aus Dankbarkeit für seinen neuen Lebensmut, verfügte er testamentarisch, dass ein Großteil seines Vermögens als Preis für denjenigen ausgesetzt wurde, der den letzten Satz von Fermat beweisen konnte. Dieser Preis wurde von der Universität Göttingen treuhänderisch verwaltet und ging als Wolfskehlpreis in die Geschichte ein.

Der Beweis mit Allgemeingültigkeit, wurde 1995 von Andrew Wiles geführt. Er verbrachte mehrere Jahre damit, den letzten Satz von Fermat zu beweisen.

Die Arbeit führt über den allgemein bekannten Satz des Pythagoras und pythagoräischen Tripeln, über geometrische Einsichten zu pythagoräischen Tripeln, zu einem Satz von Diophant zu pythagoräischen Tripeln. Der von Fermat selbst geführte Beweis, basierte genau auf diesem Satz von Diophant. Die berühmte Gleichung von Diophant, $a^n + b^n = c^n$ mit $a, b, c \in \mathbb{N}$ und $n \geq 3$ ist der Ausgangspunkt der Geschichte um den letzten Satz von Fermat.

Analog zu den Überlegungen zu pythagoräischen Tripeln, führen in den beiden hier bewiesenen Einzelfällen, für $n = 3$ und $n = 4$, zunächst praktische

Überlegungen und deren arithmetischen Zusammenhänge, zu geometrischen Betrachtungen und algebraisch - zahlentheoretischen Lösungen.

Die hier beschriebenen Beweise zum letzten Satz von Fermat entsprechen dem Beweis von Euler und Fermat. Beide Beweise werden detailliert beschrieben und begründet, um oft vorausgesetzte Kenntnisse und Zusammenhänge mit Transparenz zu versehen. Elementare Grundlagen, wie z.b. Sätze der Hauptsatz der Zahlentheorie, (Eindeutigkeit der Primfaktorzerlegung) werden als gegeben vorausgesetzt.

Die geschichtlichen Hintergründe sind dem Buch „*Fermats Letzter Satz*"[1] entnommen. Die zahlentheoretischen und arithmetischen Grundlagen sind den Einführungen zu den jeweiligen Themenbereichen entnommen. Für die Ausarbeitung war die im Literaturverzeichnis aufgeführte Literatur notwendig und hilfreich, allerdings ist die Quellenangabe zu einzelnen mathematischen Sachverhalten eher unübersichtlich. Zu explizit zitierten Passagen oder zu Sachverhalten, die man nicht zu den allgemeinen mathematischen Grundlagen zählen kann, ist die Quelle stets angegeben.

2   Der Satz des Pythagoras

Pythagoras gilt als Begründer der Zahlentheorie. Neben der Entdeckung der vollkommenen Zahlen und anderen Zusammenhängen natürlicher Zahlen, beschäftigte er sich auch mit der Geometrie und so ist der *Satz des Pythagoras* sicher der Satz, der ihm zu Berühmtheit bis in die heutige Zeit verhalf.

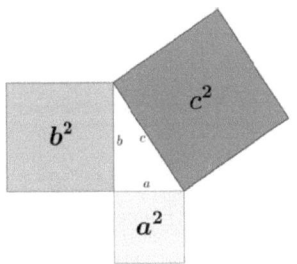

Abbildung 2: Der Satz des Pythagoras

Satz 2.1. Die Summe der Kathetenquadrate eines rechtwinkligen Dreiecks, ist gleich dem Quadrat der Hypotenuse.

Beweis. Seien $a, b, c \in \mathbb{R}$ die Seitenlängen eines rechtwinkligen Dreiecks und $(a + b)(a + b)$ der Flächeninhalt des Quadrates mit der Seitenlänge $(a + b)$ und c^2 der Flächeninhalt des Quadrates mit der Seitenlänge c.

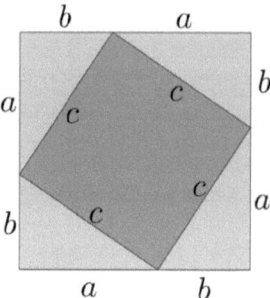

Abbildung 3: Geometrische Darstellung des Beweises

$$
\begin{aligned}
(a + b)^2 - c^2 &= 4\frac{ab}{2} \\
\Leftrightarrow (a + b)^2 &= c^2 + 2ab \\
\Leftrightarrow a^2 + 2ab + b^2 &= c^2 + 2ab \\
\Leftrightarrow a^2 + b^2 &= c^2
\end{aligned}
$$

$\square$

2.1 Pythagoräische Tripel

Da der Satz des Pythagoras für alle rechtwinkeligen Dreiecke gilt, gilt er auch für solche mit ganzzahligen Seitenlängen. Diese ganzzahligen Seitenlängen kann man dann als Tripel darstellen.

Definition 2.2. Ein Tripel (a, b, c) mit $a, b, c \in \mathbb{N}$, das die Gleichung

$$
a^2 + b^2 = c^2 \tag{1}
$$

löst, wird *pythagoräisches Tripel* genannt. Sind $a, b, c \in \mathbb{N}$ teilerfremd, d.h. $\mathrm{ggT}(a, b, c) = 1$, so nennt man dieses Tripel *primitives pythagoräisches Tripel*.

Beispiel 2.3. Ein *primitives pythagoräisches Tripel* ist z.B. (3,4,5). Wir setzen in (1) ein und erhalten,

$$3^2 + 4^2 = 5^2$$
$$\Leftrightarrow \quad 9 + 16 = 25$$

und geometrisch entspricht die Summe der Kathetenquadrate genau der Fläche des Hypotenusenquadrates.

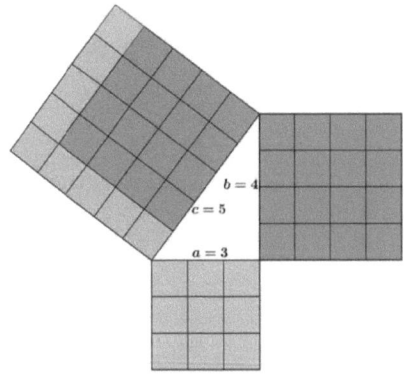

Abbildung 4: Geometrische Darstellung von Beispiel 2.3

Bemerkung 2.4. Wenn (a, b, c) mit $a, b, c \in \mathbb{N}$ *pythagoräisches Tripel* ist, und der $\text{ggT}(a, b, c) = d$, dann gilt für $a' = \frac{a}{d}$, $b' = \frac{b}{d}$ und $c' = \frac{c}{d}$ die Gleichung

$$(a')^2 + (b')^2 = (c')^2$$

und der $\text{ggT}(a', b', c') = 1$. Dann ist (a', b', c') ein *primitives pythagoräisches Tripel*. Es reicht also die Tripel (a, b, c) natürlicher Zahlen zu bestimmen, die die Gleichung $a^2 + b^2 = c^3$ lösen und deren $\text{ggT}(a, b, c) = 1$ mit $a, b, c \in \mathbb{N}$.

Wenn (a, b, c) mit $a, b, c \in \mathbb{N}$ ein *primitives pythagoräisches Tripel* ist, a und b beide gerade wären, also $a \equiv b \equiv 0 \mod 2$, erhalten wir durch Restklassenaddition in $\mathbb{Z}/2$

5

$$[a]^2 \ + \ [b]^2$$
$$=[0]^2 \ + \ [0]^2$$
$$=[0] \ + \ [0]$$
$$=[0]$$

Dann wäre $c \equiv 0 \mod 2$ und so folgt aus der Eindeutigkeit der Primfaktorzerlegung, dass 2 Teiler von a, b, c ist und damit wäre der $\mathrm{ggT}(a, b, c) \neq 1$. Da der $\mathrm{ggT}(a, b, c) = 1$, weil (a, b, c) primitiv, können a und b nicht beide gerade sein.

Wenn a und b ungerade sind, ist die Restklasse von a und b [1] oder [3] in $\mathbb{Z}_4$. Für ungerade Zahlen a, b sind also $[a]^2$ und $[b]^2$ stets [1] in $\mathbb{Z}_4$. Dann liefert die Restklassenaddition in $\mathbb{Z}/4$ für $[a]^2 + [b]^2$ stets [2]. Die Restklasse [2] in $\mathbb{Z}/4$ ist kein quadratischer Rest in $\mathbb{Z}/4$, weil

$$[0]^2 = [0]$$
$$[1]^2 = [1]$$
$$[2]^2 = [0]$$
$$[3]^2 = [1]$$

Daraus folgt unmittelbar, dass a ungerade und b gerade oder a gerade und b ungerade sein müssen. Im Folgenden gilt ohne Einschränkung, dass a ungerade ist.

Nun stellt sich die Frage, ob es einen Weg gibt alle *primitiven pythagoräischen Tripel* zu bestimmen. Pythagoras soll schon mit,

$$(2k + 1, \ 2k^2 + 2k, \ 2k^2 + 2k + 1), \ \text{mit } k \in \mathbb{N} \qquad (2)$$

einige *primitive pythagoräische Tripel* bestimmt haben. [4] Hierzu hat er vermutlich folgende Überlegung angestellt:

Es gibt *primitive pythagoräische Tripel*, (a, b, c) mit $a, b, c \in \mathbb{N}$ für die gilt, $ggT(a, b, c) = 1$ und $c = b + 1$, wie z.B. $(3, 4, 5)$ und $(5, 12, 13)$. Wir wissen bereits, dass $a \not\equiv b \mod 1$ sein muss und nehmen wie bereits erwähnt an, dass a ungerade ist. Da c^2 ungerade ist, ist b gerade, a ungerade und wir können mit einer Zahl $k \in \mathbb{N}$ mit $a = 2k + 1$ für a in (2)$2k + 1$ einsetzen und erhalten

$$(b+1)^2 = (2k+1)^2 + b^2$$
$$(b+1)^2 = 4k^2 + 4k + 1 + b^2$$
$$b^2 + 2b + 1 = 4k^2 + 4k + 1 + b^2$$
$$2b + 1 = 4k^2 + 4k + 1$$
$$2b = 4k^2 + 4k$$
$$b = 2k^2 + 2k$$

und mit $c = b + 1$ erhalten wir

$$c = 2k^2 + 2k + 1$$

So konnte Pythagoras mit

$$
\begin{aligned}
a &= 2k + 1 \\
b &= 2k^2 + 2k \\
c &= 2k^2 + 2k + 1
\end{aligned}
\tag{3}
$$

genau die *pythagoräischen Tripel* bestimmen, deren Zahlen für b und c genau um 1 differieren.

Bemerkung 2.5. Mit $c = b + 1$ ist der $\text{ggT}(b, c) = 1$ und da der $ggT(2k + 1, 2k) = 1$, ist auch der $ggT(a, b) = 1$ und somit ist der $\text{ggT}(a, b, c) = 1$. Dann können wir mit einem $k \in \mathbb{N}$, und den Gleichungen (3) ein *primitives pythagoräisches Tripel* (a, b, c) erzeugen.

Beispiel 2.6. Durch Einsetzen von $k \in \mathbb{N}$ in (1) erhalten wir:

für $k = 2$

$$
\begin{aligned}
a &= 2 \cdot 2 + 1 & &= 5 \\
b &= 2 \cdot 2^2 + 2 \cdot 2 & &= 12 \\
c &= 2 \cdot 2^2 + 2 \cdot 2 + 1 & &= 13
\end{aligned}
\tag{4}
$$

und für $k = 3$

$$
\begin{aligned}
a &= 2 \cdot 3 + 1 & &= 7 \\
b &= 2 \cdot 3^2 + 2 \cdot 3 & &= 24 \\
c &= 2 \cdot 3^2 + 2 \cdot 3 + 1 & &= 25
\end{aligned}
\tag{5}
$$

Es gibt primitive pythagoräische Tripel, die eben genau nicht so gestaltet sind, dass $c = b + 1$.

Beispiel 2.7. Für *primitives pythagoräisches Tripel,* mit $(a, b, c) = (15, 8, 17)$ haben wir ein anders gestaltetes *primitives pythagoräisches Tripel* gefunden, bei dem $c \neq b - 1$. Wir setzen in (1) ein und rechnen nach:

$$15^2 + 8^2 = 17^2$$
$$225 + 64 = 289$$
$$289 = 289$$

Also gibt es weitere *primitive pythagoräischen Tripel,* die sich mit (3) nicht bestimmen lassen. Um alle *primitiven pythagoräischen Tripel* zu bestimmen, reicht dieses Verfahren offensichtlich nicht aus.

Wir werden noch genauer auf die Bestimmung aller *pythagoräischen Tripel* eingehen. Hierzu ist es hilfreich noch weitere nützliche Eigenschaften zu betrachten.

2.2   Arithmetik trifft Geometrie

Wir interessieren uns nun für geometrische Betrachtungen zu *pythagoräischen Tripeln* und stellen geometrische Überlegungen zur Ausgangsgleichung (1) an.

Sind (a, b, c) mit $a, b, c \in \mathbb{N}$, mit $a^2 + b^2 = c^2$, so gilt für die rationalen Zahlen $x = \frac{a}{c}$ und $y = \frac{b}{c}$, die Gleichung

$$x^2 + y^2 = 1 \tag{6}$$

Die Gleichung (6) beschreibt einen Kreis mit dem Mittelpunkt im Ursprung und dem Radius 1.

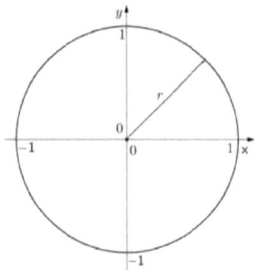

Abbildung 5: Der Einheitskreis

8

Definition 2.8. Den Kreis mit $r = 1$, dessen Mittelpunkt im Ursprung eines kartesischen Koordinatensystems liegt , nennen wir *Einheitskreis*.

Definition 2.9. Einen Punkt in der Ebene mit rationalen Koordinaten nennen wir *rationalen Punkt*.

Nun kann man die rationalen Punkte auf dem Kreis mit der Gleichung $x^2 + y^2 = 1$ bestimmen. Wir wählen einen rationalen Punkt $P(-1, 0)$ auf dem *Einheitskreis* K. Ist (x, y) ein weiterer Punkt auf auf K, so gilt für die rationale Steigung t der Verbindungsgeraden mit P

$$t = \frac{y}{x + 1} \tag{7}$$

Bezeichnen wir umgekehrt für eine rationale Zahl t die Gerade mit der Steigung t durch P mit L_t, so zeigen wir im weiteren Verlauf, dass der zweite Schnittpunkt mit K ebenfalls rationale Koordinaten hat.

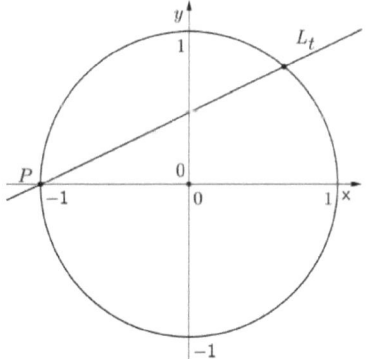

Abbildung 6: Kreis K mit $P(-1, 0)$ und der Geraden L_t

Die Schnittpunkte (x, y) von L_t mit K erfüllen

$$x^2 + y^2 = 1 \tag{8}$$

$$y = t(x + 1) \tag{9}$$

Durch Einsetzen von (9) in (8) erhalten wir:

$$x^2 + (t(x+1))^2 = 1$$
$$\Leftrightarrow \quad x^2 - 1 + t^2(x+1)^2 = 0 \tag{10}$$

Diese quadratische Gleichung in x mit Parameter t, wird durch $x = -1$ gelöst, da P(-1,0) ein Schnittpunkt ist. Die Quadratische Gleichung muss also auch den Faktor $(x+1)$ enthalten, den wir durch Umformung von (10) direkt finden,

$$(x+1)(x-1) + t^2(x+1)^2 = 0$$
$$\Leftrightarrow \quad (x+1)(x-1+t^2(x+1)) = 0 \tag{11}$$

Für die erste Koordinate des zweiten Schnittpunkts erhalten wir

$$x - 1 + t^2(x+1) = 0$$
$$x - 1 + t^2 x + t^2 = 0$$
$$x + t^2 x = 1 - t^2$$
$$x(1 + t^2) = 1 - t^2$$
$$x = \frac{1 - t^2}{1 + t^2}$$

Durch Einsetzen in Gleichung (9) erhalten wir mit

$$y = t\left(\frac{1-t^2}{1+t^2} + 1\right)$$
$$y = t\left(\frac{1-t^2+1+t^2}{1+t^2}\right) \tag{12}$$
$$y = \frac{2t}{1+t^2}$$

die zweite Koordinate des zweiten Schnittpunkts, der damit durch

$$\left(\frac{1-t^2}{1+t^2}, \frac{2t}{1+t^2}\right) \tag{13}$$

bestimmt ist und wie erwartet rationale Koordinaten hat.

Ist K beschrieben durch $x^2 + y^2 = 1$, so sind die rationalen Punkte auf K die durch $\left(\frac{1-t^2}{1+t^2}, \frac{2t}{1+t^2}\right)$ mit $t \in \mathbb{Q}$, parametrisierten Punkte und $P(1,0)$.

Mit einem Beispiel werden die Erkenntnisse, die wir mit der geometrischen Interpretation gewonnen haben verdeutlicht.

Beispiel 2.10. Nehmen wir also eine beliebige Steigung $t \in \mathbb{Q}$ von der Geraden L_t an, sei dies 5. Setzen wir 5 in (13)

$$\left(\frac{1 - t^2}{1 + t^2}, \frac{2t}{1 + t^2} \right)$$

ein, um die Koordinaten in Abhängigkeit von t zu bestimmen.

$$\left(\frac{1 - 5^2}{1 + 5^2}, \frac{2 \cdot 5}{1 + 5^2} \right) = \left(\frac{1 - 25}{1 + 25}, \frac{10}{1 + 25} \right) = \left(\frac{-24}{26}, \frac{10}{26} \right)$$

Wir kürzen die Brüche und erhalten:

$$\left(\frac{-12}{13}, \frac{5}{13} \right) \tag{14}$$

Mit der Steigung t der Geraden L_t , durch den Punkt $P(-1, 0)$ und einem weiteren Schnittpunkt auf dem Einheitskreis, haben wir die Koordinaten (x, y) des Schnittpunktes bestimmt. Mit $x = \frac{a}{c}$ und $y = \frac{b}{c}$ haben wir jetzt mit der Steigung t ein *primitives pythagoräisches Tripel*, $(12, 5, 13)$ erzeugt. Wir rechnen nach und erhalten

$$12^2 + 5^2 = 13^2$$
$$\leftrightarrow \quad 144 + 25 = 169$$
$$\leftrightarrow \quad 169 = 169$$

2.3 Diophant

Zur Erinnerung erwähnen wir nochmals, dass zur Bestimmung aller *pythagoräischen Tripel*, wir nur alle Tripel $(a, b, c) \in \mathbb{N}$ mit $\mathrm{ggT}(a, b, c) = 1$ bestimmen müssen.(2.4) Wir haben gesehen, dass wir die erzeugten *pythagoräischen Tripel* kürzen müssen, um *primitive pythagoräische Tripel* zu erhalten. Weiterhin gilt $a \equiv 1 \mod 2$.

Behauptung 2.11. Sind (a, b, c) mit $a, b, c \in \mathbb{N}$ ein *primitives pythagoräisches Tripel*, so sind a, b, c *paarweise teilerfremd*, d.h. $\mathrm{ggT}(a, b) = 1$, $\mathrm{ggT}(a, c) = 1$ und $\mathrm{ggT}(b, c) = 1$.

Beweis. Wir nehmen an, dass der $\mathrm{ggT}(a, b) \neq 1$, dann gibt es eine Primzahl p, die a und b teilt. Dann ist $p \mid c^2 = a^2 + b^2$, da p eine Primzahl ist, ist p auch Teiler von c, im Widerspruch zu $\mathrm{ggT}(a, b, c) = 1$. Analog kann man zeigen, dass der $\mathrm{ggT}(a, c) = 1$ und der $\mathrm{ggT}(b, c) = 1$. $\square$

Lemma 2.12. Sind $p, q, p', q' \in \mathbb{N}$ mit $\mathrm{ggT}(q, p) = 1$ und $\frac{p}{q} = \frac{p'}{q'}$, so gibt es $k \in \mathbb{N}$ mit $p' = kp$ und $q' = kq$. Wir bezeichnen dann $\frac{p}{q}$ als gekürzten Bruch.

Beweis. Aus $pq' = qp'$ folgt $p \mid qp'$. Da der $\mathrm{ggT}(p, q) = 1$ können wir $x, y \in \mathbb{Z}$ finden mit $1 = xp + yq$, also $p' = xpq' + yqp'$ und damit ist $p \mid p'$. Wir finden also $k \in \mathbb{N}$ mit $p' = kp$ und aus $q' = \frac{p'}{p}q$ folgt auch $q' = kq$. $\square$

Wir haben mit der Steigung t die rationalen Punkte parametrisiert (12) und mit

$$\left(\frac{1 - t^2}{1 + t^2}, \frac{2t}{1 + t^2} \right)$$

die Werte für x und y bestimmt. Somit erhalten wir für x und y die Gleichungen

$$x = \frac{1 - t^2}{1 + t^2}$$

$$y = \frac{2t}{1 + t^2}$$

Mit $x = \frac{a}{c}$ und $y = \frac{b}{c}$ und (a, b, c) ein *primitives pythagoräisches Tripel* haben wir (6) bestimmt. Wir erhalten also durch Einsetzen

$$\frac{a}{c} = \frac{1 - t^2}{1 + t^2}$$

$$\frac{b}{c} = \frac{2t}{1 + t^2}$$

Wir wissen dass $t \in \mathbb{Q}$ und schreiben für $t = \frac{m}{n}$ mit $m, n \in \mathbb{N}$, $\mathrm{ggT}(m, n) = 1$ und $m < n$. Durch Einsetzen von $\frac{m}{n}$ erhalten wir:

$$\begin{aligned}
\frac{a}{c} &= \frac{1 - \frac{m^2}{n^2}}{1 + \frac{m^2}{n^2}} = \frac{\frac{n^2 - m^2}{n^2}}{\frac{n^2 + m^2}{n^2}} = \frac{n^2 - m^2}{n^2 + m^2} \\
\frac{b}{c} &= \frac{2\frac{m}{n}}{1 + \frac{m^2}{n^2}} = \frac{\frac{2m}{n}}{\frac{n^2 + m^2}{n^2}} = \frac{2mn}{n^2 + m^2}
\end{aligned} \tag{15}$$

Da $\frac{a}{c}$ mit (2.11) ein gekürzter Bruch ist, müssen wir nun zeigen, dass $\frac{n^2 - m^2}{n^2 + m^2}$ und $\frac{2mn}{n^2 + m^2}$, auch gekürzte Brüche sind, denn wenn die Brüche gekürzt und gleich sind, sind auch die Zähler und die Nenner gleich.

Da $\frac{a}{c}$ mit (2.11) ein gekürzter Bruch ist, gibt es $k \in \mathbb{N}$ mit

$$ka = n^2 - m^2 \tag{16}$$
$$kc = n^2 + m^2 \quad \text{und somit auch} \tag{17}$$
$$kb = 2mn \tag{18}$$

Wegen $\mathrm{ggT}(m, n) = 1$ gilt auch $\mathrm{ggT}(m^2, n^2) = 1$, und da $k \mid (n^2 + m^2) + (n^2 - m^2) = 2n^2$, und da $k \mid (n^2 + m^2) + (n^2 - m^2) = 2m^2$ folgt $k \mid 2$ (denn es gibt $x, y \in \mathbb{Z}$ mit $1 = m^2 x + m^2 y$ und somit $2 = 2m^2 x + 2n^2 y$). Angenommen $k = 2$. Wegen a ungerade ergibt eine Betrachtung von (16) in $\mathbb{Z}/4$, dass

$$[2] = [2a] = [n]^2 - [m]^2,$$

was aber nicht sein kann, da $[m]^2, [n]^2 \in \{[0], [1]\}$. Widerspruch. Also ist $k = 1$.
Somit erhalten wir mit (15) für a, b und c die Gleichungen

$$a = n^2 - m^2$$
$$b = 2mn$$
$$c = n^2 + m^2$$

Die Gleichungen sind genau die Gleichungen, die in einem Satz bei Diophant zur Bestimmung von *primitiven pythagoräischen Tripeln* angegeben werden.

Satz 2.13. (bei Diophant) Für ein *primitives pythagoräisches Tripel* (a, b, c) ist genau eine der Zahlen a, b ungerade. Ist a ungerade, so gibt es $m, n \in \mathbb{N}$ mit $\mathrm{ggT}(m, n) = 1$, $m < n$ und m und n nicht beide ungerade, da a ungerade, so dass

$$a = n^2 - m^2$$
$$b = 2mn$$
$$c = n^2 + m^2$$

Das entspricht genau den Überlegungen, die wir zu der rationalen Steigung t der Geraden L_t und den entsprechenden Schnittpunkten auf dem Einheitskreis angestellt haben, womit der Beweis des Satzes, in einem anderen Kontext erbracht ist. Wir zeigen noch an zwei Beispielen, dass es sich tatsächlich um *primitive pythagoräische Tripel* handelt, deren Primitivität wir durch einfaches Hinsehen erkennen können.

13

Beispiel 2.14. Wir wählen für $m = 2$ und $n = 3$

$$a = 3^2 - 2^2 = 5$$
$$b = 2 \cdot 2 \cdot 3 = 12$$
$$c = 3^2 + 2^2 = 13$$

und für $m = 5$ und $n = 12$ und erhalten

$$a = 12^2 - 5^2 = 119$$
$$b = 2 \cdot 5 \cdot 12 = 120$$
$$c = 12^2 + 5^2 = 169$$

Wir erhalten tatsächlich *primitive pythagoräische Tripel.*

Aus geometrischen Überlegungen heraus, haben wir eine Möglichkeit gefunden, alle *primitiven pythagoräischen Tripel* zu bestimmen.

Zu diesen Überlegungen liegt es nahe sich zu überlegen, welche Lösungen die Gleichung

$$a^n + b^n = c^n \quad \text{mit } n \in \mathbb{N} \text{ mit } n \geq 3$$

hat. Mit dieser bekannten diophantischen Gleichung, beschäftigte sich auch Fermat und verfasste die Eingangs bereits erwähnte Randnotiz,

"für $n \geq 3$ ist diese Gleichung nicht lösbar und der wunderbare Beweis dafür passt leider nicht an den Rand"

Um sich einen Überblick zu verschaffen, ist es zielführend zunächst die Gleichung

$$a^3 + b^3 = c^3$$

zu untersuchen.

3 Anhang

Abbildungsverzeichnis

Literatur

[1] Simon Singh

   Fermats letzter Satz,

   Hanser Verlag München, 1998

[2] Leonhard Euler

   Vollständige Anleitung zur Algebra,

   Teubner Verlag, Berlin, 1911

[3] Paulo Ribenboim

   13 Lectures on Fermat's Last Theorem,

   Springer Verlag, Berlin, 1979

[4] Peter Bundschuh

   Einführung in die Zahlentheorie,

   Springer Verlag, Berlin, 4. Auflage, 1994

[5] Alexander Schmidt *Einführung in die algebraische Zahlentheorie,*

   Springer Verlag, Berlin, 1. Auflage, 2007

[6] Martin Aigner, Günter M. Ziegler

   Das Buch der Beweise,

   Springer Verlag Heidelberg, 3. Auflage, 2009